BEI GRIN MACHT SICH IHR WISSEN BEZAHLT

Bibliografische Information der Deutschen Nationalbibliothek:

Die Deutsche Bibliothek verzeichnet diese Publikation in der Deutschen National-
bibliografie; detaillierte bibliografische Daten sind im Internet über http://dnb.d-
nb.de/ abrufbar.

Impressum:

Copyright © 2019 GRIN Verlag
Druck und Bindung: Books on Demand GmbH, Norderstedt Germany
ISBN: 9783346227454

Dieses Buch bei GRIN:

https://www.grin.com/document/889063

Rahmetullah Demirci

Darstellung von 3-Methoxycarbazol (Zweistufer)

Darstellung von 3,6-Dimethylbrenzcahtechin (8) in vier Stufen

GRIN Verlag

GRIN - Your knowledge has value

Der GRIN Verlag publiziert seit 1998 wissenschaftliche Arbeiten von Studenten, Hochschullehrern und anderen Akademikern als eBook und gedrucktes Buch. Die Verlagswebsite www.grin.com ist die ideale Plattform zur Veröffentlichung von Hausarbeiten, Abschlussarbeiten, wissenschaftlichen Aufsätzen, Dissertationen und Fachbüchern.

Besuchen Sie uns im Internet:

http://www.grin.com/

http://www.facebook.com/grincom

http://www.twitter.com/grin_com

Organisch-chemisches Fortgeschrittenenpraktikum

Wintersemester 19/20

Darstellung von 3,6-Dimethylbrenzcatechin

(4-Stufer)

Datum der NMR-Abgabe: 20.12.2019
Datum Protokollabgabe: 26.02.2020

Inhaltsverzeichnis

Syntheseschema von 3,6-Dimethylbrenzcatechin (8)

Die Darstellung von 3,6-Dimethylbrenzcahtechin (8) erfolgte über vier Stufen. In der ersten Stufe wurde die erste Zwischenstufe 3,6-(Bismorpholinomethyl)brenzcatechin (4) dargestellt. Darauf folgte die Acetylierung der funktionellen Gruppen am Aromaten mit Essigsäureanhydrid. Anschließend wurden schrittweise die Acetatreste zunächst durch Hydrierung mit Palladium/Aktivkohle Katalysator und anschließend mit einer sauren Aufarbeitung entfernt.

3

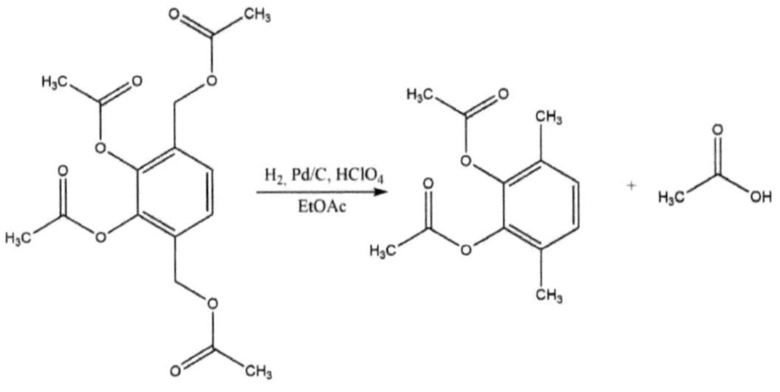

H2, Pd/C, HClO4
EtOAc

6 → 7 + H3C—C(=O)—OH

HCl, MeOH, N2

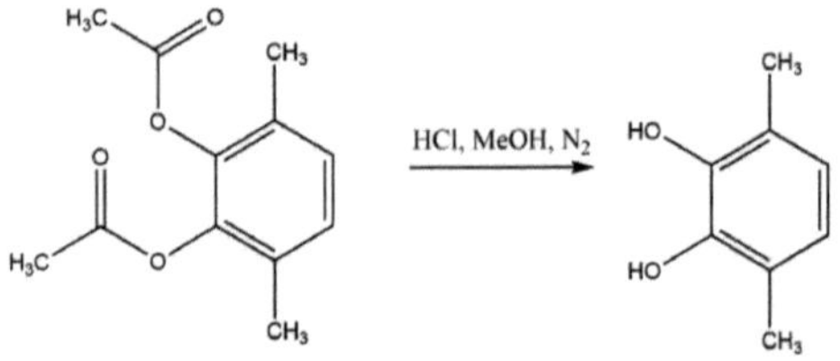

7 → 8

Syntheseschema 1: Übersicht der Darstellung von 3,6-Dimethylbrenzcatechin (8).

Erste Stufe: Darstellung von 3,6-(Bismorpholinomethyl)brenzcatechin (4)

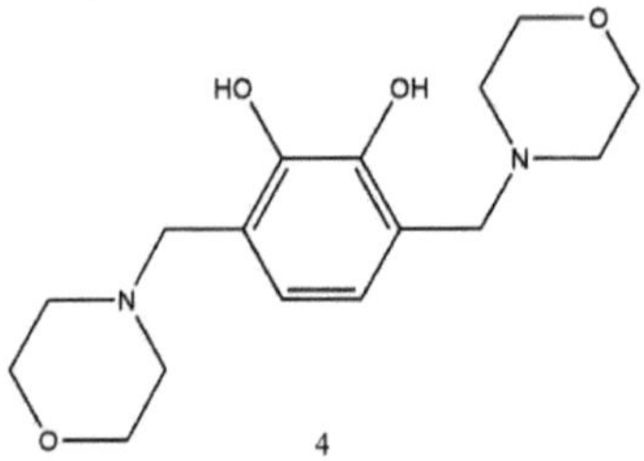

4

308,38 g/mol

Abbildung 1: 3,6-Bis(morpholinomethyl)brenzcatechin (4).

Ansatz

Tabelle 1. Ansatz für die Darstellung von 3,6-Bis(morpholinomethyl)brenzcatechin (4).

Substanz	$M/$ g/mol	$\rho/$ g/cm^{-3}	$m/$ g	$V/$ mL	$n/$ mol	Äqui.
Brenzcatechin (1)	110,11	1,34	38,4	-	0,349	1,0
Ethanol	46,07	0,79		40,0	0,686	Lösungsmittel
Morpholin (2)	87,12	1,01		56,0	0,649	1,9
Formaldehyd(30-40%)-Lsg.	30,03	1,00		60,0	0,599	1,7

Durchführung und Beobachtung

In einem 500 mL Dreihalsrundkolben mit Dimrothkühler, KPG-Rührer, Tropftrichter mit Druckausgleich und Thermometer wurden Brenzcatechin (1) (38,4 g, 0,349 mol, 1,0 Äq.), Morpholin (2) (56,0 mL, 0,649 mol, 1,9 Äq.) und Ethanol (40,0 mL, 0,69 mol, Lösungsmittel) vorgelegt. Bei einer Temperatur zwischen 25–35°C wurde eine 30–40%ige Formaldehyd-Lösung (3) (60,0 mL, 0,599 mol, 1,7 Äq.) zugetropft. Es wurde im Anschluss für fünf Tage bei Raumtemperatur gerührt. Dabei bildete sich eine rote Lösung. Nach fünf Tagen viel ein farblose Feststoff aus. In einem Scheidetrichter wurde versucht das Zwischenprodukt mit Ethylacetat zu extrahieren. Da keine Phasengrenzen zu erkennen war, wurde der Feststoff abfiltriert. Die Mutterlauge wurde unter vermindertem Druck abdestilliert. Dabei verblieb ein Feststoff im Rundkolben. Der Feststoff wurde mit kaltem Methanol gewaschen. Dabei bildete sich 21 g farbloser Feststoff.

Mechanismus

Syntheseschema 2: Mechanismus der Darstellung von 3,6-Bis(morpholinomethyl)brenzcatechin (4).

In dem ersten Schritt wird durch die Reaktion von Morpholin (2) mit Formaldehyd (3) die Mannich-Base gebildet. Nach zweifacher elektrophiler Substitution des Brenzcatechins (1) bildet sich das 3,6-(Bismorpholinomethyl)brenzcatechin (4).

Ausbeute und Eigenschaften

Ausbeute: 21,0 g (22% d. Th., Lit.:[1] 75%), farbloser Feststoff.

Schmelzpunkt: 171–172°C (Methanol) (Lit.:[1] 173–175°C (Methanol)).

Rf-Wert: 0,14 (5/7 Petrolether (Siedebereich 40–60°C) / Essigsäureethylester).

IR(ATR): $\tilde{v}$/ cm^{-1}= 2969 m (–C–H Valenzschw.); 2850 m (–C–H Valenzschw.); 2824 m (–C–H$_2$ Valenzschw.); 1453 m (Ringschwingung); 1301 m (–C–N–Valenzschw.); 1112 s (–C–O–C– Valenzschw.); 1068 m (–C–N–Deformationsschw.); 862 s (Deformationsschw. Vierfach Subst. Aromat).

6

Zweite Stufe: Darstellung von 3,6-Bis(acetoxymethyl)brenzcatechindiacetat (6)

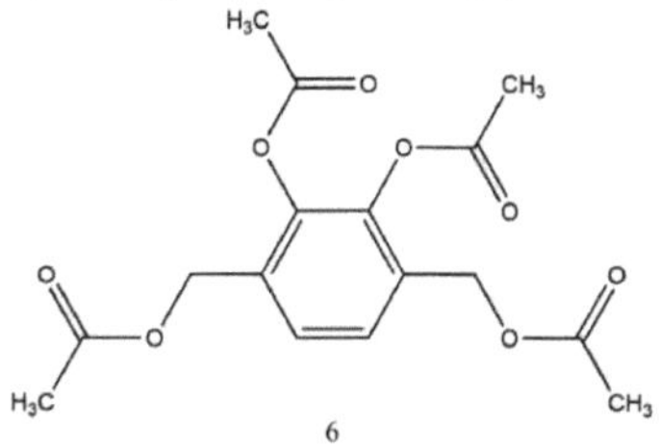

6
338,31 g/mol

Abbildung 2: 3,6-Bis(acetoxymethyl)brenzcatechindiacetat (6).

Ansatz

Tabelle 2: Ansatz für die Darstellung von 3,6-Bis(acetoxymethyl)brenzcatechindiacetat (6).

Substanz	M/ g/mol	ρ/ g/cm⁻³	m/ g	V/ mL	n/ mol	Äquiv.
3,6-(Bismorpholinomethyl)brenzcatechin (4)	308,38	-	20,0	-	0,065	1,0
Essigsäureanhydrid (5)	102,09	1,08		60,0	0,635	Überschuss

Durchführung und Beobachtungen

In einem 250 mL Rundkolben mit Dimrothkühler wurde Essigsäureanhydrid (5) (60 mL 0,635 mol, Lösungsmittel) vorgelegt. In der Siedehitze wurde 3,6-Bis(morpholinomethyl)brenzcatechin (4) (20,0 g, 0,065 mol, 1,0 Äq.) gelöst. Das 3,6-Bis(morpholinomethyl)brenzcatechin (4) hat sich dabei mäßig in Essigsäureanhydrid (5) gelöst. Es wurde unter einer Stickstoffatmosphäre für vier Tage unter Rückfluss erhitzt. Nach dem das 3,6-Bis(morpholinomethyl)brenzcatechin (4) vollständig umgesetzt wurde, wurde das überschüssige Essigsäureanhydrid (5) destillative entfernt. Zu dem Destillationsrückstand wurde ca. 50 mL Wasser hinzugegeben. Dabei fiel ein Feststoff aus. Der Feststoff wurde abfiltriert und zuerst mit Wasser, danach mit Ethanol gewaschen. Der Feststoff wurde zweimal aus Ethanol (2x16 mL) umkristallisiert. Es bildeten sich 15,0 g farbloser Feststoff.

Mechanismus

Syntheseschema 3: Mechanismus de Darstellung von 3,6-Bis(acetoxymethyl)brenzcatechindiacetat (6).

Zuerst werden die Hydroxydgruppen durch die Reaktion mit dem Essigsäureanhydrid **(5)** verestert.

Dabei greift die Hydroxydgruppe eine Carbonylfunktion des Essigsäureanhydrids **(5)** an. Darauf folgt

8

die Abspaltung der Essigsäure. Im nächsten Schritt greift das tertiäre Amin an der Carbonylfunktion des Essigsäureanhydrids **(5)** an und Essigsäure wird abgespalten. Die Essigsäure greift im nächsten Schritt am α-C-Atom zum quartären Amin an. Dadurch wird das *N*-Acetylmorpholin abgespaltet. Nach der Deprotonierung und erneuter Abspaltung wird 3,6-Bis(acetoxymethyl)brenzcatechindiacetat **(6)** erhalten.

Ausbeute und Eigenschaften

Ausbeute: 15,0 g (68,5% d.Th., Lit.:[1]100%), farbloser Feststoff.

Schmelzpunkt: 113–117°C (Ethanol) Lit.. [1] 114–116°C (Essigsäureethylester).

Rₜ-Wert: 0,28 (3/2 Petrolether, (Siedebereich 40–60°C) / Essigsäureethylester.

IR(ATR): $\tilde{v}$/cm⁻¹= 2988 w (–C–H Valenzschw.); 2946 w (–C–H Valenzschw.); 2934 w (CH Valenzschw.); 1770 s (–C=O Valenzschw.); 1731,78 s (–C=O Valenzschw.); 1457 m (Ringschwingung) 1380 m (–C–H₃ Deformationsschw.); 1358 m (–C–N– Deformationsschw.); 1232 s (–C–O–C– Valenzschw.); 1197 s (–C–O–C– Valenzschw.); 1175 s (–C–O–C– Valenzschw.); 1024 s (–C–O–C– Valenzschw.); 826 s Deformationsschw. Vierfach Subst. Aromat).

Dritte Stufe: Darstellung von 3,6-Dimethylbrenzcatechindiacetat **(7)**

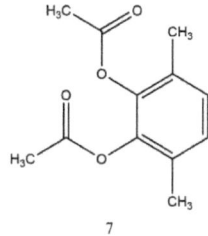

7

222,24 g/mol

Abbildung 3: 3,6-Dimethylbrenzcatechindiacetat (7).

Ansatz

Tabelle 3: Ansatz für die Darstellung von 3,6-Dimethylbrenzcatechindiacetat (7).

Substanz	M/ g/mol	ρ/ g/cm⁻³	m/ g	V/ mL	n/ mol	Äqui.
3,6-Bis(acetoxymethyl)-brenzcatechindiacetat (6)	338,32	-	11,0	-	0,033	1,5
Essigsäureethylester	88,11	0,89		150,00	1,515	Lösungsmittel
Perchlorsäure (70%)	100,46	1,77		1,00	0,018	1,0
Palladium (5%) / Aktivkohle	106,42	11,99	0,9	-	0,008	Kat. Mengen

9

| Wasserstoff | 1,01 | - | 2600 | 0,109 | Überschuss |

Durchführung und Beobachtungen

In einem 400 mL Becherglas wurden 3,6-Bis(acetoxymethyl)brenzcatechin-diacetat **(6)** (11,0 g, 0,033 mol, 1,5 Äq.) in warmen Essigsäureethylester (140 mL. 1,515 mol, Lösungsmittel) gelöst. Diese Lösung wurde in eine 500 mL Schüttelente befüllt. Im Anschluss dazu wurden 10 mL einer Suspension von Palladium (5%) / Aktivkohle (0,9 g, 0,008 mol (Palladium), Katalytische Mengen) in Essigsäureethylester in die 500 mL Schüttelente hinzugegeben. Es wurde Perchlorsäure (1 mL, 0,018 mol, 1,5 Äq.) langsam hinzugegeben. Die Reaktionsmischung in der Schüttelente wurde mehrmals durchgeschüttelt und für 2 h stehen gelassen. Es wurde unter schütteln eine Wasserstoffatmosphäre für vier Tage hergestellt. Dabei wurden ca. 2,60 L Wasserstoff verbraucht. Der Katalysator wurde durch Abfiltern von der Reaktionsmischung getrennt. In einem 500 mL Scheidetrichter wurde die Reaktionsmischung mit Wasser (2x100 mL) gewaschen, gesättigter Natriumhydrogencarbonat-Lösung (1x75 mL) neutralisiert und mit gesättigter Natriumchlorid-Lösung (1x75 mL) gewaschen. Die organische Phase wurde über Natriumsulfat getrocknet und wurde unter vermindertem Druck destillativ entfernt. Dabei wurde 5,0 g einer gelben Flüssigkeit dargestellt.

Mechanismus

Syntheseschema 4: Mechanismus der Darstellung von 3,6-Dimethylbrenzcatechindiacetat (7).

Durch die Zugabe von Perchlorsäure wird der Palladium/Aktivkohle-Katalysator aktiviert. Der Wasserstoff wird im ersten Schritt an den Katalysator adsorbiert. Im nächsten Schritt wird die Wasserstoff-Wasserstoff-bindung gebrochen, das 3,6-Bis(acetoxymethyl)brenzcatechindiacetat **7** an den Katalysator adsorbiert und der Acetatrest abgespalten. Nach erneutem abspalten des Acetatrestes bildet sich das 3,6-Dimethylbrenzcatechin.

Ausbeute und Eigenschaften

Ausbeute: 5,0 g (93% d. Th., Lit.:[1] 94%), gelbe Flüssigkeit.

R$_f$-Wert: 0,68 (3/2 Petrolether (Siedebereich 40–60°C) / Essigsäureethylester).

IR(ATR): $\tilde{v}$/ cm^{-1}= 3441 br (–O–H Valenzschwi.); 2929 w (–C–H Valenzschw.); 1737 m
(–C=O Valenzschw.); 1625 (–C=O Valenzschw.); 1467 m (–C–H
Deformationsschw.); 1430 m (Ringschwingung Aromat); 1369 m (–C–H$_3$
Deformationsschw.); 1203 s (–C–O–C– Valenzschw.); 1168 s (–C–O–C–
Valenzschw.); 867 m (vierfach Subst. Aromat Deformationsschw.); 800 m
(vierfach Subst. Aromat Deformationsschw.).

Anmerkung:

Es wird angenommen, dass bei der Aufarbeitung die durch einen Acetatrest geschützte
Hydroxidgruppe entfernt wurde. Dies konnte durch eine Dünnschichtchromatographie gestützt
werden. Dabei kam es höchstwahrscheinlich zur Bildung von 2-Acetoxy-3,6-dimethylphenol. Beim
ersten Ansatz war vermutlich ein Überschuss an Lösungsmittel vorhanden, dass dadurch der Nachweis
der Substanz nicht mehr möglich war.

Bei der Hydrierung wurde ein erhöhter Verbrauch von Wasserstoff festgestellt. Dies liegt vermutlich
daran, dass die Perchlorsäure zu HCl und Wasser reduziert wird.

Vierte Stufe: Darstellung von 3,6-Dimethylbrenzcatechin (8)

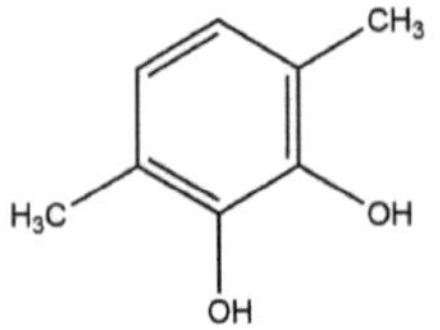

8
138,17 g/mol

Abbildung 4: 3,6-Dimethylbrenzcatechin (8).

Ansatz

Tabelle 4: Ansatz für die Darstellung von 3,6-Dimethylbrenzcatechin (8).

Substanz	M/ g/mol	ρ/ g/cm^{-3}	m/ g	V/ mL	n/ mol	Äqui.
1,2-Diacetoxy-3,6-Dimethylphenol (7)	180,20	-	5,0	-	0,033	1,0
Methanol	32,04	0,79		50,0	1,233	Lösungsmittel
Konz. Salzsäure	36,46	1,19		1,0	0,033	1,0

Durchführung und Beobachtungen

In einem 250 mL Rundkolben mit Dimrothkühler wurden in Methanol (50 mL, 1,2 mol, Lösungsmittel), 1,2-Diacetoxy-3,6-Dimethylphenol (7) (5,0 g, 0,033 mol, 1,0 Äq.) gelöst, 1 mL konzentrierte Salzsäure (0,033 mol, 1,0 Äq.) hinzugegeben und für 24 h unter Rückfluss, unter einer Stickstoffatmosphäre erhitzt. Die Reaktionslösung wurde langsam auf Raumtemperatur abgekühlt, mit Natriumhydrogencarbonat neutralisiert und unter vermindertem Druck das Lösungsmittel destillativ entfernt. Es verblieb ein dunkelroter Feststoff. Dieser wurde zweimal mit heißem Cyclohexan (50 mL) extrahiert. Das Cyclohexan wurde destillativ entfernt und dabei fielen 1,2 g eines farblosen Feststoffes aus.

Mechanismus

Syntheseschema 5: Mechanismus der Darstellung von 3,6-Dimethylbrenzcatechin (8).

Durch die Salzsäure kommt es zur Aktivierung der Carbonylfunktion des 1,2-Diacetoxy-3,6-Dimethylphenol (7). Das Methanol greift im nächsten Schritt die Aktivierte Carbonylfunktion an und entfernt den Acetatrest von der Hydroxidgruppe des 3,6-Dimethylbrenzcatechins (8).

Gesamtausbeute und Eigenschaften

Gesamtausbeute: 1,2 g (31,5% d.Th., Lit.:[1] 97%), farbloser Feststoff.

Schmelzpunkt: 96–98°C (Cyclohexan), Lit.:[1] 98–99°C (n-Hexan).

R_f-Wert: 0,65 (3/1, Petrolether (Siedebereich 40–60 °C) / Essigsäureethylester).

IR(ATR): $\tilde{v}/$ cm^{-1}= 3530 m (–OH Valenzschw.); 3419 m (–OH Valenzschw.); 3352 m (–OH Valenzschw.); 2921m (–C–H Valenzschw.); 2855 m (–C–H Valenzschw.); 1586 m (Ringschw. Aromat); 1512 m; 1427 m (–C–H Deformationsschw.); 1355 m; 1271 s (–C–O–C– Valenzschw.); 1221,17 s (–C–O–C– Valenzschw.); 790,49 s (vierfach Subst. Aromat).

^{1}H-NMR (CDCl$_3$, 300 MHz): δ/(ppm)= 6,61 (s, 2H, **H-5, H-4**), 5,00 (br, s, 2H, **OH**), 2,23 (s, 6H, **–CH$_3$**).

Literatur

[1]   A. K. Sinhababu, R. T. Borchardt, *Synthetic communications*, **1982**, 983–988.
[2]   L. Butula, I. Butula, *Croatica Chemica Acta* **1971**, 131-132.

Anhang

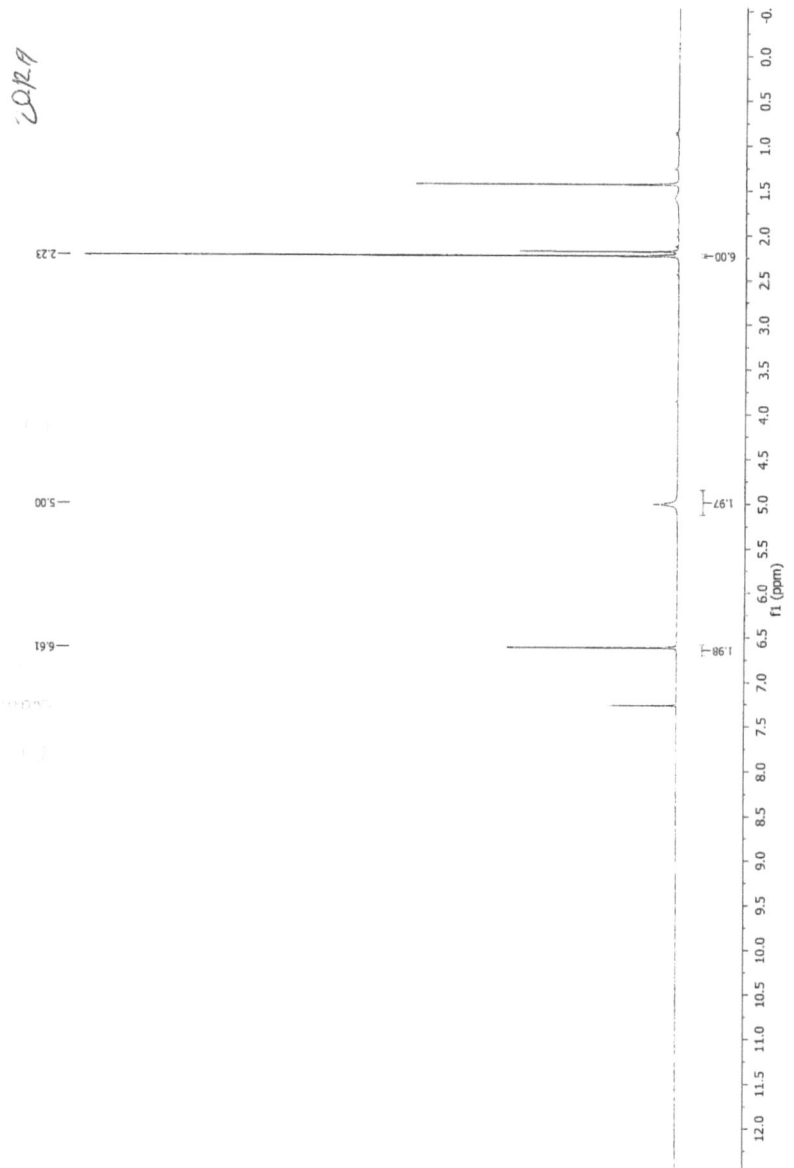

Abbildung 5: ^{1}H-NMR von 3,6 Dimethylbrenzcatechin *(8)*.

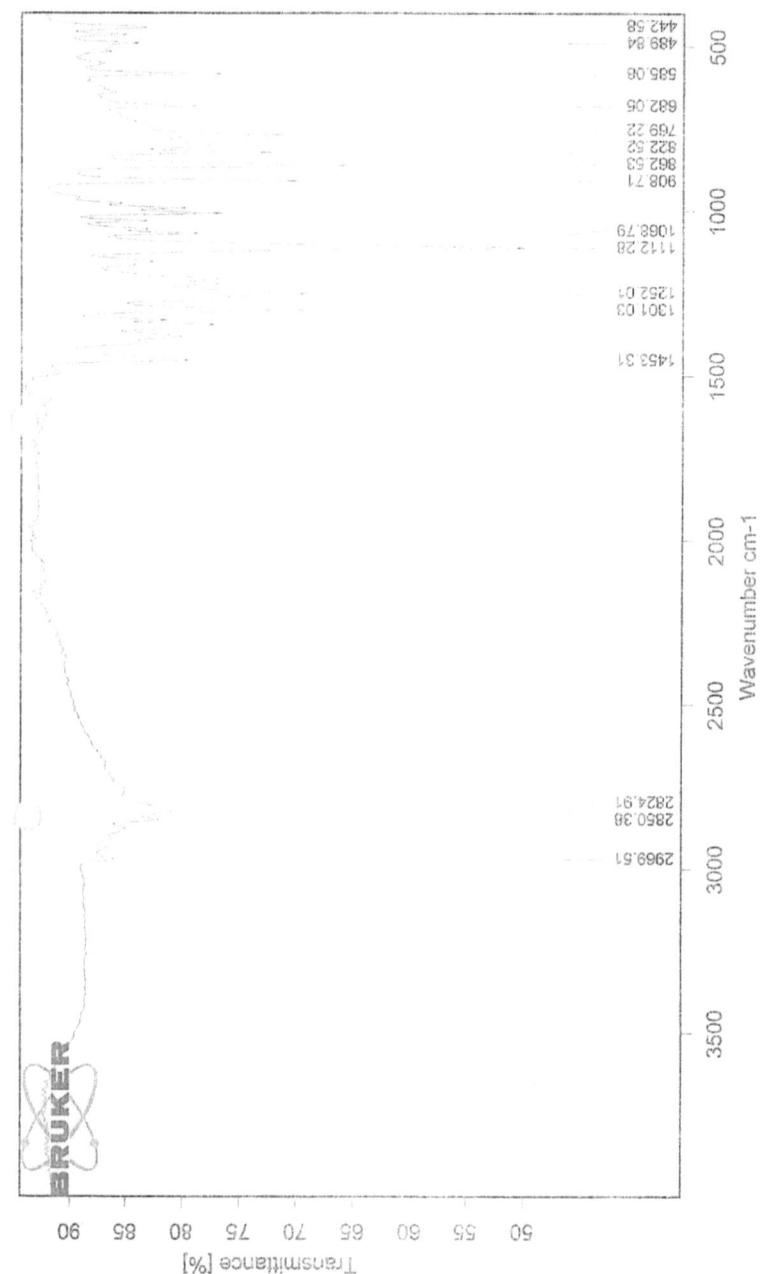

Abbildung 6: IR-Spektrum von 3,6-(Bismorpholinomethyl)brenzcatechin (4).

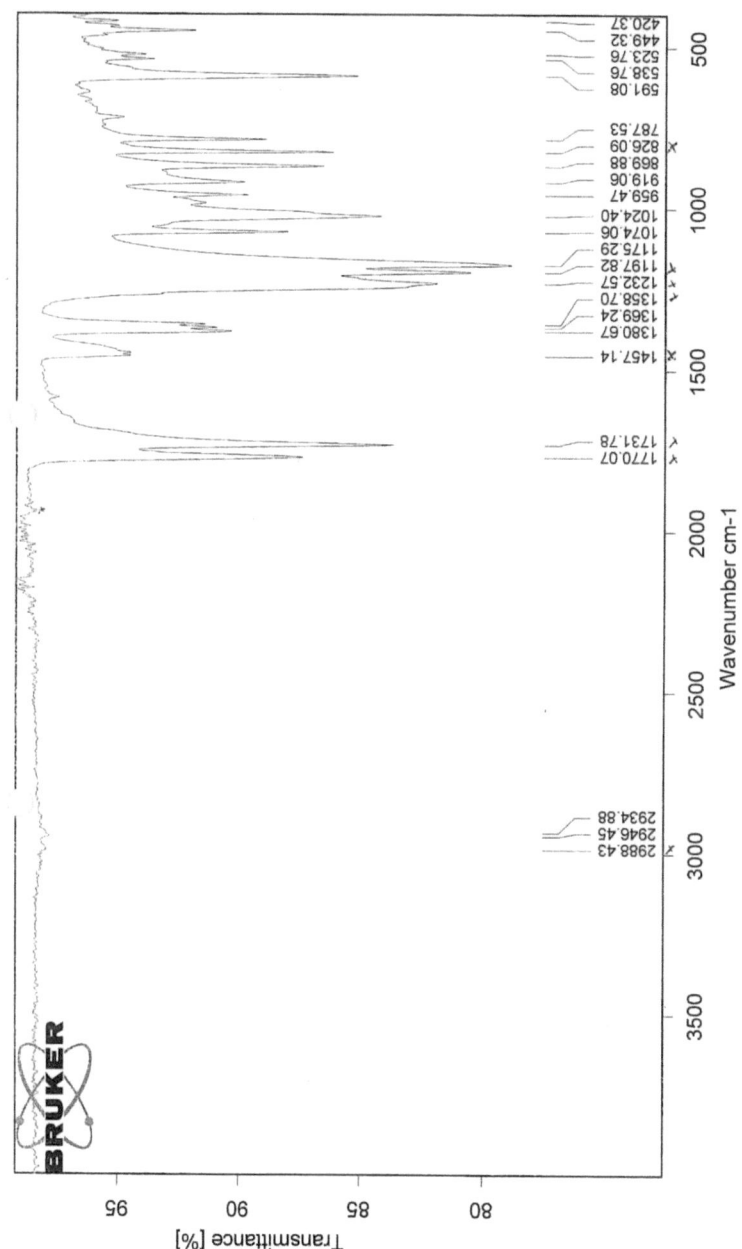

Abbildung 7: IR-Spektrum von 3,6-Dimethylbrenzcatechindiacetat (7).

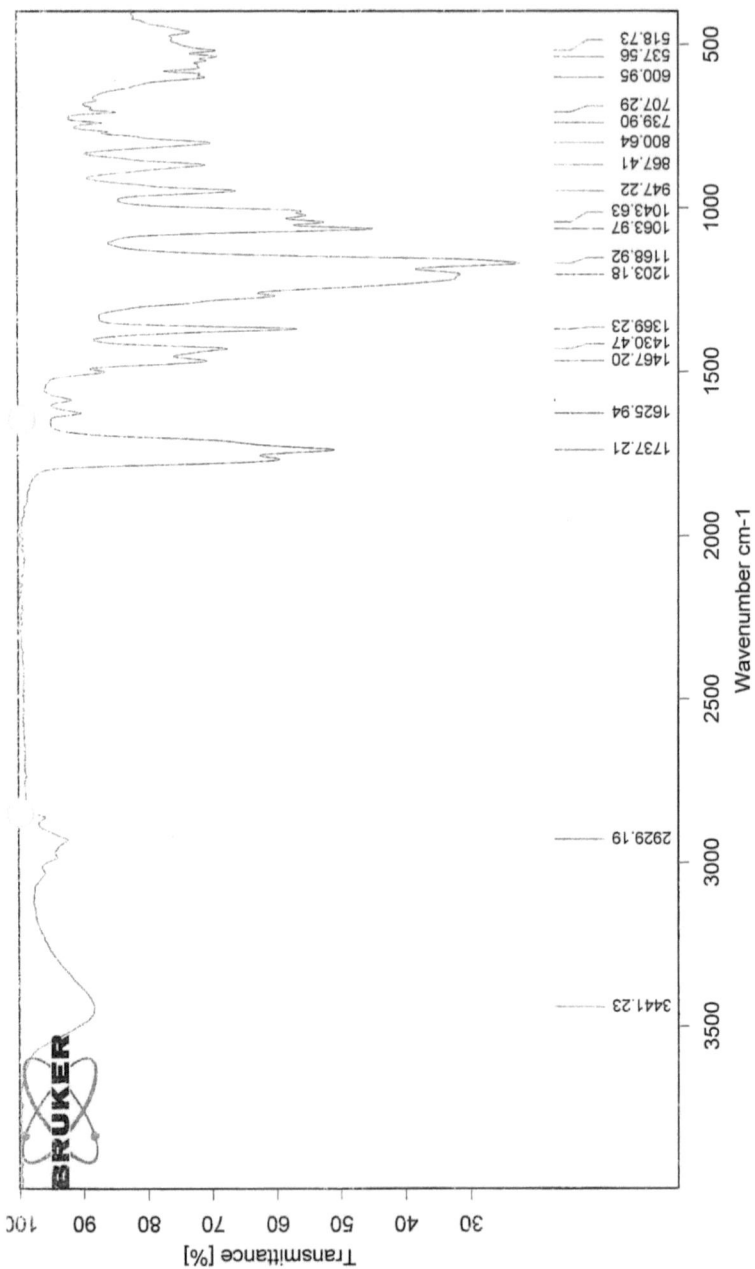

*Abbildung 8: IR-Spektrum von 3,6-Bis(acetoxymethyl)brenzcatechindiacetat **(6)**.*

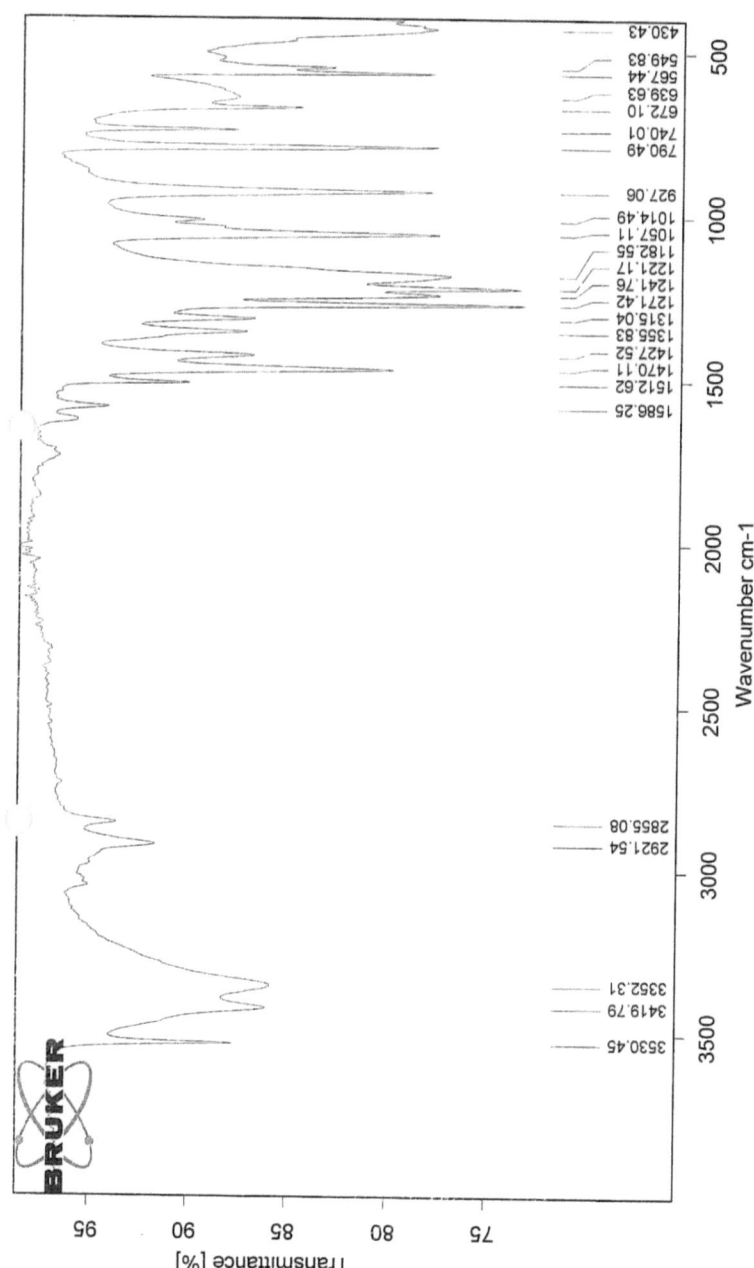

Abbildung 9: IR-Spektrum von 3,6-Dimethylbrenzcatechin (8).